JN235706

知遊ブックス ❷

覆面算パズル

武 純也

知遊ブックス ❷

覆面算パズル

目次

- **4** ルール解説
- 問題
- **12** 初級
- **34** 中級
- **84** 上級
- **106** 解答

覆面算

ルール解説

覆面算は文字に置き換えた数式を元の数式に復元するパズルです。

問題

```
    だいがくに
 +  にゅうがく
 ─────────
   ゆめがいつ杯
```

解答

```
    60249
 +  91824
 ─────────
   152073
```

ルールのポイント

① 文字に1桁の数字を入れますが、同じ文字には必ず同じ数字が入り、違う文字には別の数が入ります。
② 最上位の文字には0（ゼロ）は入りません。
③ 問題に使われている数字はそのまま使って下さい。特に断りのない場合は、その数字を文字に当てはめてもかまいません。
④ 「は」、「ば」、「ぱ」はそれぞれ異なる文字として扱います。つまり、濁点・半濁点のついた文字とついていない文字は異なる文字として扱います。

なお、この本では、「ゃ」「ゅ」「ょ」の拗音や「っ」の促音は、「や」「ゆ」「よ」や「つ」で表現しますので、読むときに注意して下さい。

覆面算の解き方

覆面算を解くのに決まった方法があるわけではありません。しかし、いくつかの重要なポイントがあって、それを整理した上で、場合分けをすると、解きやすくなります。

Point 1

桁の繰り上がりに注目します。

図1の場合、最上位が0（ゼロ）でないという約束事がありますから、D＝1、一の位からの繰り上がりは高々1ですから、B＝9、E＝0、A＋C＝F＋10 となります。

また、A、C、Fはいずれも1でも0でも9でもないことがわかりますから、かなり絞られます。

図1

```
    A
+  BC
―――――
  DEF
   ↓
    A
+  9C
―――――
  10F
```

Point2

筆算の棒より上の部分と下の部分で、同じ桁に同じ文字がある場合、両方を消すことができます。

図2の場合、十の位でBが上と下にありますので、両方を消して0に置き換えます。ただし、Bは0と決まったわけではなく、他の文字が割り当てられた後、残った数字となります。

図2

```
  ABC
+ DEF
―――――
  GBH
   ↓
  AOC
+ DEF
―――――
  GOH
```

Point3

各位の計算を式にして書き出します。

これらを満たすように、表を使ってあてはまる数を調べます。

では例題をやってみてください

例題1

```
   数と数を
+   たすと
─────────
  ふくめん算
```

1 桁の繰り上がりに注目します。
前頁のPoint 1 からわかるように、
数＝9、**ふ**＝1、**く**＝0
が決まります。式の整理をすると、
右図のようになります。

```
   9 と 9 を
+    たすと
─────────
  1 0 めん算
```

2 十の位に注目します。
もし、一の位からの繰り上がりがあれば、
十の位の計算は　1＋9＋**す**＝**ん**＋10
となって、「**す**」と「**ん**」が同じ数字になってしまうので、
成立しません。したがって、一の位からの繰り上がりはないことがわかります。

　　一の位の計算は　　　　**を**＋**と**＝**算**…………①
　　十の位の計算は、百の位に1繰り上がるので、
　　　　　　　　　　　　　9＋**す**＝**ん**＋10
　　　　　　　　　　　　　す－1＝**ん**…………②
　　百の位の計算は、　　　1＋**と**＋**た**＝**め**＋10
　　　　　　　　　　　　　と＋**た**－9＝**め**…………③

①～③を満たすように「**を**」「**と**」「**算**」「**す**」「**ん**」「**た**」「**め**」を決めていきます。

この場合、「**を**」「**と**」「**算**」「**す**」「**ん**」「**た**」「**め**」は、それぞれ0、1、9には該当しないので {2、3、4、5、6、7、8} のいずれかです。これについて場合分けをして調べます。

覆面算のルール

一位の計算 を+と=算	[残り]	十位の計算 す-1=ん	[残り]	百位の計算 と+た-9=め	判定
2+3=5	[4,6,7,8]	7-1=6	[4,8]	3+ -9=	×
		8-1=7	[4,6]	3+ -9=	×
3+2=5	[4,6,7,8]	7-1=6	[4,8]	2+ -9=	×
		8-1=7	[4,6]	2+ -9=	×
2+4=6	[3,5,7,8]	8-1=7	[3,5]	4+ -9=	×
4+2=6	[3,5,7,8]	8-1=7	[3,5]	2+ -9=	×
2+5=7	[3,4,6,8]	4-1=3	[6,8]	5+ -9=	×
5+2=7	[3,4,6,8]	4-1=3	[6,8]	2+ -9=	×
2+6=8	[3,4,5,7]	4-1=3	[5,7]	6+ -9=	×
		5-1=4	[3,7]	6+ -9=	×
6+2=8	[3,4,5,7]	4-1=3	[5,7]	2+ -9=	×
		5-1=4	[3,7]	2+ -9=	×
3+4=7	[2,5,6,8]	6-1=5	[2,8]	4+ -9=	×
4+3=7	[2,5,6,8]	6-1=5	[2,8]	3+8-9=2	○
3+5=8	[2,4,6,7]	7-1=6	[2,4]	5+ -9=	×
5+3=8	[2,4,6,7]	7-1=6	[2,4]	3+ -9=	×

Answer ということで、**を**=4、**と**=3、**算**=7、**す**=6、**ん**=5、**た**=8、**め**=2で、全部の数字が決まり、右図のように数式が復元できました。

```
  9394
+  863
------
 10257
```

もう1題を解いてみましょう

例題

```
     きゅう
     きゅう
+   じゅうに
―――――――――
   さんじゅう
```

これはひらがなの数詞覆面算といいまして、
$9 + 9 + 12 = 30$
と数詞を数字に置き換えて計算しても成り立っています。

① 桁の繰り上がりに注目します。
さ＝1、**ん**＝0は決まりますが、**じ**は百の位からの繰り上がりが1の場合と2の場合が考えられるので、
じ＝8または9　となります。

② 筆算の棒の上と下で、同じ桁に同じ文字があります。十の位の「**ゆ**」と一の位の「**う**」です。
1対1で対応したものを消して0と置きます。余分に消してはいけません。

```
     きゅう
     き00
+   じゅうに
―――――――――
   10じ00
```

③ 一の位に注目します。「**う**」、「**に**」の和が、?0になるので、

　　　　　　う＋**に**＝10　　………①

であることがわかります。
　十の位も同様に、「**ゆ**」、「**う**」の和が、?0になるので、一の位からの繰り上がりを考えて、**ゆ**＋**う**＋1＝10

　　　　　　ゆ＋**う**＝9　　………②

であるとわかります。

覆面算のルール

次に、百の位の計算に注目すると、十の位からの繰り上がりを考えて、

き＋**き**＋**ゆ**＋1＝**じ**＋（10または20）

が成立します。

左辺の最大値は26となりますが、「**じ**」は8または9ですから、右辺は **じ**＋10 で、

き＋**き**＋**ゆ**＋1＝**じ**＋10
き＋**き**＋**ゆ**＝**じ**＋9 　　………③

千の位の計算は、百の位からの繰り上がりを考えて、

じ＋1＝10

となります。これから、**じ**＝9と決まります。これを使うと③は、

き＋**き**＋**ゆ**＋1＝9＋10＝19
き＋**き**＋**ゆ**＝18 　　………④

各位の計算式①、②、④を満たすように、「**う**」、「**に**」、「**ゆ**」、「**き**」を決めていきます。

この場合、「**う**」、「**に**」、「**ゆ**」、「**き**」は、{2、3、4、5、6、7、8} のいずれかです。これについて場合分けをして調べます。

一位の計算 **う**＋**に**＝10	［残り］	十位の計算 **ゆ**＋**う**＝9	［残り］	百位の計算 **き**＋**き**＋**ゆ**＝18	判定
2＋8＝10	[3,4,5,6,7]	7＋2＝9	[3,4,5,6]	＋ ＋7＝18	×
8＋2＝10	[3,4,5,6,7]	＋8＝9			×
3＋7＝10	[2,4,5,6,8]	6＋3＝9	[2,4,5,8]	＋ ＋6＝18	×
7＋3＝10	[2,4,5,6,8]	2＋7＝9	[4,5,6,8]	8＋8＋2＝18	○
4＋6＝10	[2,3,5,7,8]	5＋4＝9	[2,3,7,8]	＋ ＋5＝18	×
6＋4＝10	[2,3,5,7,8]	3＋6＝9	[2,5,7,8]	＋ ＋3＝18	×

ということで、**う**＝7、**に**＝3、**ゆ**＝2、**き**＝8で、全部の数字が決まりました。

```
    827
    827
+  9273
───────
  10927
```

問題

初級 Question

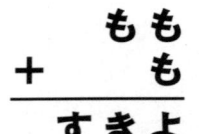

①
```
   今
 + は
 ─────
  はる
```

②
```
   V
   V
 + V
 ─────
  X V
```

③
```
  も も
 +   も
 ─────
 す き よ
```

① これが一番小型の覆面算です。2段目の「は」と和の「は」が同じ字であることに注目して下さい。
② 数詞覆面算といって、数詞の計算も 一致してなければいけません。Vはローマ数字で5を意味します。5＋5＋5＝15 の意味です。
③ 「桃も好きよ」の意。

初級

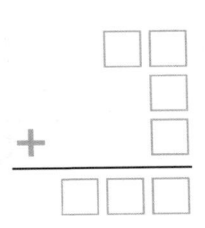

初級 Question

④
```
    み み
 +     が
 ───────
   い た い
```

⑤
```
   は は
   は
 +    は
 ───────
  い い よ
```

⑥
```
  は は
  は は
 +    は
 ───────
  い れ ば
```

④「耳が痛い」の意。
⑤は「母は歯はいいよ」の意。
⑥は「母は歯は入れ歯」の意。答の文字が変わると解答も変わります。

初級 Question

⑦
```
    いが
+   いい
―――――
   たべた
```

⑧
```
   ははは
+     今
―――――
  いかかい
```

⑨
```
   はるは
+    はは
―――――
   にわに
```

⑦「胃がいい、食べた」の意。
⑧「母は今烏賊買い」の意。
⑨「春は母、庭に」庭にきれいな花が咲きました。

初級

初級 Question

⑩
```
    こ こ
+   こ こ
―――――――
  し こ く
```

```
      □ □
+     □ □
―――――――
    □ □ □
```

⑪
```
    い い
+   い し
―――――――
  ほ し い
```

```
      □ □
+     □ □
―――――――
    □ □ □
```

⑫
```
    ま ま
+   い ま
―――――――
  い い よ
```

```
      □ □
+     □ □
―――――――
    □ □ □
```

⑩ これから2桁同士の計算です。「ここどこ？」と聞かれての答。
⑪「いい石(宝石)欲しい」と彼女からの要求にどう応えたらよいでしょう。
⑫ 子供から聞かれて、「ママ、今いいよ」と明るい返事が帰ってきました。

初級 Question

⑬
```
    はは
+   では
-------
  できぬ
```

⑭
```
    はは
+   いま
-------
    はわい
```

⑮
```
    ちち
+   まつ
-------
    まだだ
```

⑬「母では出来ぬ」何か難しいことでもあるのでしょうか。
⑭「母今ハワイ」優雅な生活ですね。
⑮「父待つ、まだだ」忙しいお父さん、残業でしょうか。

初級

初級 Question

⑯
```
    はは
+   には
―――――
   はでね
```

⑰
```
    はは
×   には
―――――
   はでね
```

⑯と⑰は同じ言葉の組み合わせで、足し算と掛け算がともに、解が1種類だけという覆面算です。「母には派手ね」

初級 Question

⑱
```
    どれ
+   どこ
―――――――
   ここだ
```

⑲
```
    どれ
×   どこ
―――――――
   ここだ
```

⑱と⑲は同じ言葉の組み合わせで、足し算と掛け算がともに、解が1種類だけという覆面算です。「どれ？どこ？」「ここだ」
掛け算の問題を解くときは、九九算を活用して下さい。

初級

初級 Question

⑳
```
      上 へ
  ＋   下 へ
  ─────────
      下 克 上
```

⑳
```
          Ⅰ
        Ⅰ Ⅰ
  ＋     Ⅰ Ⅹ
  ─────────
        Ⅹ Ⅰ Ⅰ
```

⑳「上へ下へ、下克上」下克上(ゲコクジョウ)というのは、下の者が上位の者をおかし、上に出て権力を振るうことです。
㉑ ローマ数字の数詞覆面算です。Ⅰは1、Ⅸは9、ⅩⅡは12を表します。数式は　1＋2＋9＝12　ですね。

初級 Question

㉒
```
    ち ち
  い ち ち
  い ち ち
  い い ち ち
  い い ち ち
＋ い い ち
  ─────────
    は ち
```

```
      □□
      □□
      □□
      □□
      □□
      □□
      □□
  ＋   □□
  ─────
      □□
```

㉓
```
    さ か さ
  ＋     さ か
  ─────────
    か え ろ
```

```
    □□□
  ＋   □□
  ─────
    □□□
```

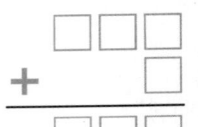

㉒ これはひらがなの数詞覆面算です。背が高くとも、驚くことはありません。落ち着いて考えれば、すぐにわかります。数式は 1＋1＋1＋1＋1＋1＋1＋1＝8 です。

㉓ 3桁＋1桁＝3桁の覆面算です。繰り上がりに気をつけると、解けます。「逆さか、変えろ」

初級

初級 Question

㉔
```
   太 も も
 +     も
 ─────────
   い た い
```

㉕
```
        い
 + わ る い
 ─────────
   い て て
```

㉔「太股も痛い」
㉕「胃悪い、イテテ」

初級 Question

㉖
```
   とつと
 +  と
 ─────
  つめろ
```

㉗
```
   とつと
 ×   と
 ─────
  つめろ
```

㉖と㉗は同じ言葉の組み合わせで、足し算と掛け算がともに、解が1種類だけという覆面算です。
掛け算の問題を解くときは、九九算を活用して下さい。

初級

初級 Question

㉘
```
      て
 ＋かいて
 ─────
   いたた
```

```
       □
 ＋ □□□
 ─────
   □□□
```

㉙
```
      て
 ×かいて
 ─────
   いたた
```

```
      □□
 × □□□
 ─────
   □□□
```

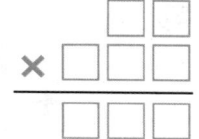

㉘と㉙は同じ言葉の組み合わせで、足し算と掛け算がともに、解が1種類だけという覆面算です。「手掻いて、イタタ」
掛け算の問題を解くときは、九九算を活用して下さい。

初級 Question

㉚
```
    I I I
+   X I
-------
  X I V
```

```
    □□□
+    □□
-------
   □□□
```

㉛
```
      I I
    I I I
+     X I
---------
    X V I
```

```
     □□
    □□□
+    □□
--------
   □□□
```

㉚ これもローマ数字の数詞覆面算です。数式は 3+11=14 です。
㉛ これもローマ数字の数詞覆面算です。数式は 2+3+11=16 です。

初級

初級 Question

㉜
```
   そ ぼ
+ い な い
―――――――
な か か な
```

㉝
```
   そ ぼ
× い な い
―――――――
な か か な
```

㉜と㉝は同じ言葉の組み合わせで、足し算と掛け算がともに、解が1種類だけという覆面算です。「祖母いない。中かな？」と探しています。掛け算の問題を解くときは、九九算を活用して下さい。

初級 Question

㉞
```
      うた
+   うたい
―――――――――
   いきかう
```

㉟
```
      うた
×   うたい
―――――――――
   いきかう
```

㉞と㉟は同じ言葉の組み合わせで、足し算と掛け算がともに、解が1種類だけという覆面算です。「唄歌い、行き交う」
掛け算の問題を解くときは、九九算を活用して下さい。

初級 Question

㊱
```
    さ ん た
 +     さ ん
 ─────────
   い な い さ
```

㊲
```
    さ ん た
 ×     さ ん
 ─────────
   い な い さ
```

㊱と㊲は同じ言葉の組み合わせで、足し算と掛け算がともに、解が1種類だけという覆面算です。子供がぼやいています。「サンタさん、いないさ」と。
掛け算の問題を解くときは、九九算を活用して下さい。

初級 Question

㊳
```
  よいか
 +よいか
 ─────
  いいよ
```

```
   □□□
 + □□□
 ─────
   □□□
```

㊴
```
   えん筆
   えん筆
 + えん筆
 ─────
   3ぼん
```

```
   □□□
   □□□
 + □□□
 ─────
   3□□
```

㊳と㊴は同じ単語を重ねると、当てはまる数字が限定されやすいので、それを利用して下さい。

初級 Question

㊵
```
      きつね
      きつね
      きつね
      きつね
      きつね
      きつね
 +    きつね
 ─────────
     7 ひき
```

□□□
□□□
□□□
□□□
□□□
□□□
+ □□□
─────
7 □□

㊶
```
      ここだ
 +    ここだ
 ─────────
    ちまなこ
```

　□□□
+ 　□□□
─────
□□□□

㊵ キツネが7匹います。段数が大きい方が簡単な場合があります。
　きつね×7＝7ひき　としても同じです。
㊶ ここからは、3桁＋3桁＝4桁となります。

初級 Question

㊷
```
    いたい
+   いたい
―――――――
    どうした
```

㊸
```
    むだだ
+   むだだ
―――――――
  官製だむ
```

㊷と㊸は同じ単語を重ねると、当てはまる数字が限定されやすいので、それを利用して下さい。

初級 Question

㊹
```
    は は の
  + は は は
  ─────────
    そ ぼ で す
```

㊺
```
    は は の
  + ち ち は
  ─────────
  や き も ち
```

㊹「母の母は祖母です」
㊺「母の父はやきもち」

初級 Question

㊻
```
   さ い ん
 ＋こ さ い ん
 ─────────
   も ん だ い
```

```
    □ □ □
 ＋□ □ □ □
 ─────────
   □ □ □ □
```

㊼
```
    映 が
  ×    が
  ──────
    上 映
```

```
     □ □
   ×   □
   ─────
     □ □
```

㊻ サイン(sin)もコサイン(cos)もみな、問題として出題されます。
㊼ ここからは、掛け算の問題です。足し算と間違えないようにお願いします。「映画が上映」

初級 Question

㊽
```
    も ち
 ×     も
 ―――――――
  お も い
```

㊾
```
    ふ で
 ×     で
 ―――――――
  つ つ く
```

㊿
```
    い も
 ×     も
 ―――――――
  た べ た
```

㊽「餅も重い」
㊾「筆でつつく」
㊿「芋も食べた」
掛け算の問題を解くときは、九九算を活用して下さい。

中級 Question

①
```
    こうこう
+    うけた
─────────
   みんな合格
```

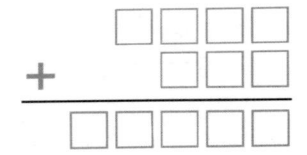

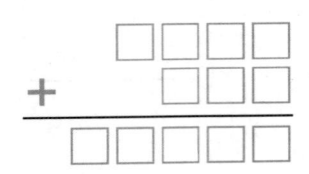

①これは、3桁＋4桁＝5桁の覆面算です。使う文字が多いので解くのに時間がかかるかも。桁の繰り上がりを利用すると、ヒントが増えます。

中級 Question

②

```
   せいせき
+   いち番
―――――――
  ひつき試験
```

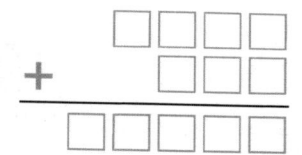

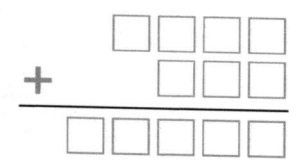

```
   □□□□
+   □□□
―――――――
  □□□□□
```

```
   □□□□
+   □□□
―――――――
  □□□□□
```

②これも、3桁＋4桁＝5桁の覆面算です。桁の繰り上がりを利用すると、ヒントが増えます。

中級 Question

③
```
   そろそろ
+      ははと
―――――――
  試験会場へ
```

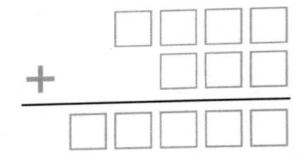

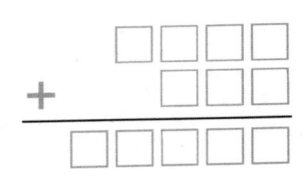

```
    □□□
+    □□
―――――
   □□□□□
```

```
    □□□
+    □□
―――――
   □□□□□
```

③ 誰しも受験は一度は経験していると思います。そのことを思い出しながら、解いてみましょう。

中級 Question

④
```
   ますます
+   さえる
―――――――――
  調子いいぞ
```

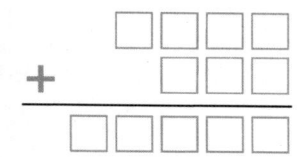

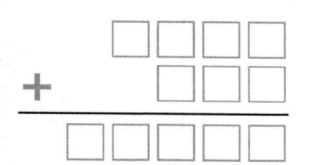

```
    □□□□
+    □□□
―――――――――
   □□□□□
```

```
    □□□□
+    □□□
―――――――――
   □□□□□
```

④ 試験でも何でも、調子が出るとよいことが多いですね。調子をつけて頑張ろう。

中級 Question

⑤
```
   うんどう
+    せん手
―――――――――
  どこも合格
```

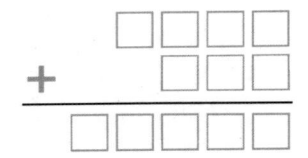

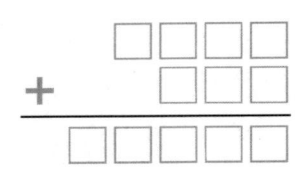

```
    ☐☐☐☐
+    ☐☐☐
―――――――――
   ☐☐☐☐☐
```

```
    ☐☐☐☐
+    ☐☐☐
―――――――――
   ☐☐☐☐☐
```

⑤ スポーツも特技の一つ。選手になるのも、大変な努力が必要です。
　スポーツに限らず、特技を身につけておくのも大事です。

中級 Question

⑥
```
   ふ た た び
+     う け た
―――――――――――
  今 年 い い ぞ
```

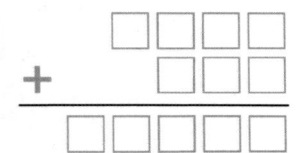

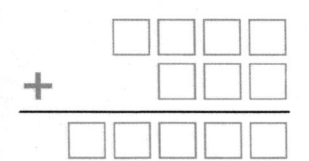

```
    □ □ □ □
+     □ □ □
―――――――――――
  □ □ □ □ □
```

```
    □ □ □ □
+     □ □ □
―――――――――――
  □ □ □ □ □
```

⑥ 浪人するのも、経験の一つ。今度は大丈夫だ。

中級 Question

⑦
```
   けいさん
 + はやい
―――――――
  速さん術だ
```

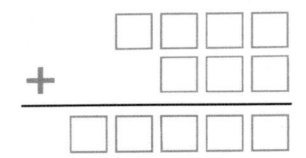

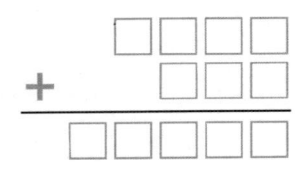

```
    □□□□
 +   □□□
 ―――――――――
   □□□□□
```

```
    □□□□
 +   □□□
 ―――――――――
   □□□□□
```

⑦ 電卓で計算するのもよいが、暗算も特技の一つ。そろばんが頭の中に入っている。

⑧

```
    しけんが
+    すんだ
―――――――――
  前半だけよ
```

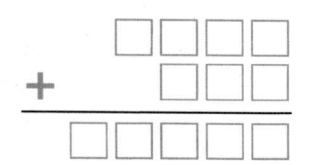

⑧ 半分だけでも試験がすんでほっとする。でも油断は禁物ですぞ。

中級 Question

⑨

```
  すうがく
＋ すうがく
─────────
  たすうう
```

```
   □□□□
 ＋ □□□□
 ──────
   □□□□
```

```
   □□□□
 ＋ □□□□
 ──────
   □□□□
```

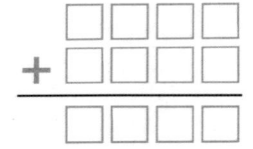

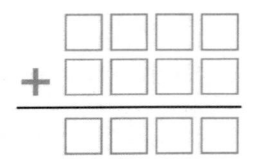

⑨ 4桁＋4桁＝4桁、桁の繰り上がりがないときは、ちょっと工夫がいるな。でも同じ言葉が重なっているので、これもヒントだ。

中級 Question

⑩

```
  たすすう
＋ たすすう
―――――――
  すうがく
```

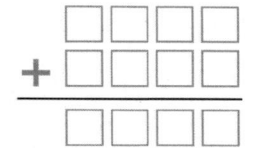

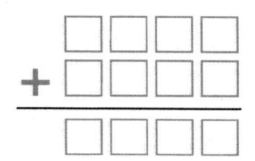

```
   □□□□
＋  □□□□
―――――――
   □□□□
```

```
   □□□□
＋  □□□□
―――――――
   □□□□
```

⑩同じ4桁＋4桁＝4桁だが、⑨と単語が入れ替わっています。読み違いしないように。

中級 Question

⑪
```
  すうがく
 +すうがく
  ひくすう
```

```
   ☐☐☐☐
 + ☐☐☐☐
   ☐☐☐☐
```

```
   ☐☐☐☐
 + ☐☐☐☐
   ☐☐☐☐
```

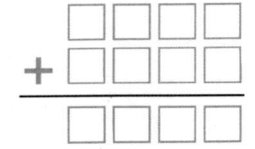

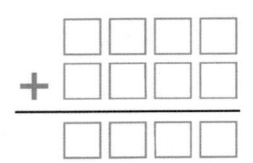

⑪ 前々ページの⑨の問題は「たすすう」でしたが、今度は「ひくすう」、どれが同じ文字かを確認しましょう。

中級 Question

⑫

```
   が く せ い
   が く せ い
   が く せ い
 ＋ が く せ い
 ─────────
   だ い が く
```

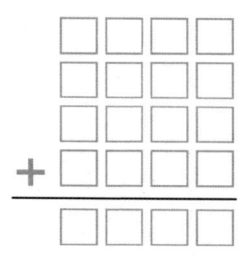

```
   ☐ ☐ ☐ ☐
   ☐ ☐ ☐ ☐
   ☐ ☐ ☐ ☐
 ＋ ☐ ☐ ☐ ☐
 ─────────
   ☐ ☐ ☐ ☐
```

⑫ 大学には、学生さんが大勢います。
4桁の足し算ですが、同じ言葉が4個もあります。最上位の桁がポイント。

中級 Question

⑬
```
      が く せ い
      が く せ い
      が く せ い
  +   が く せ い
  ─────────────
   だ い が く 院
```

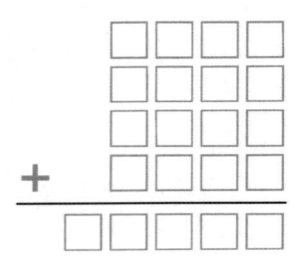

```
     □ □ □ □
     □ □ □ □
     □ □ □ □
  + □ □ □ □
  ─────────
   □ □ □ □ □
```

⑬ 大学院にも学生さんが大勢います。和が5桁になったので、少し絞りにくいかな。

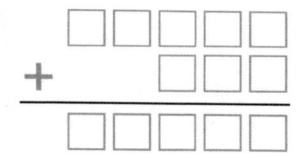

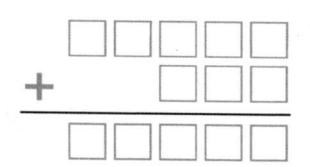

中級

⑭

```
   あついなつ
 +    あせが
 ─────────
   ふきでるな
```

```
   □□□□□
 +   □□□
 ─────────
   □□□□□
```

```
   □□□□□
 +   □□□
 ─────────
   □□□□□
```

⑭ これは、5桁＋3桁＝5桁 の覆面算です。これも桁の繰り上がりを考えると、数字が見えてきます。

中級 Question

⑮
```
   せんせいが
 +     やすみ
 ─────────
   みなすきに
```

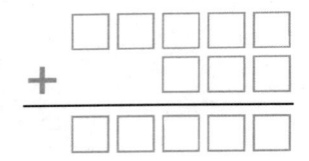

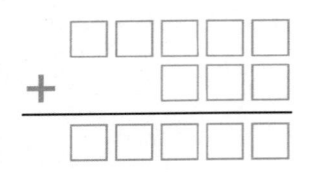

```
   □□□□□
 +    □□□
 ─────────
   □□□□□
```

```
   □□□□□
 +    □□□
 ─────────
   □□□□□
```

⑮これも5桁+3桁=5桁 の覆面算です。学校の授業で、先生がお休み、自習時間になりました。

中級 Question

⑯

```
   じゅぎよう
 +     じかん
 ─────────────
   勉きようだ
```

```
  □ □ □ □ □
+     □ □ □
─────────────
  □ □ □ □ □
```

```
  □ □ □ □ □
+     □ □ □
─────────────
  □ □ □ □ □
```

⑯「授業時間はきちんと勉強しましょう」

中級 Question

⑰
```
  さんたさん
+     今年も
―――――――――
  やってきた
```

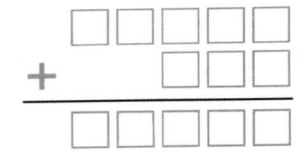

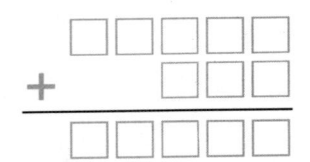

```
  □□□□□
+    □□□
―――――――
  □□□□□
```

```
  □□□□□
+    □□□
―――――――
  □□□□□
```

⑰「サンタさん、今年もやってくるかな。やってくるとも。」

中級

中級 Question

⑱
```
   かんにんぐ
+     ぐんと
  きびしいぞ
```

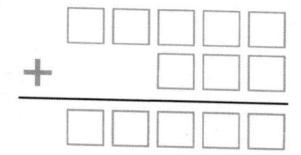

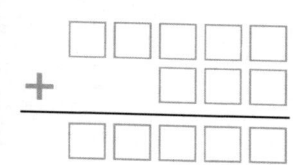

⑱「カンニングは厳しいぞ。」勉強さえしっかりしていればよいのですが。

中級 Question

⑲
```
   うんどうの
 +      しけん
 ─────────────
   ずる休みし
```

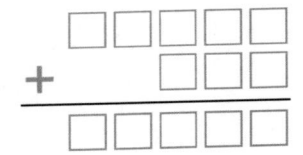

```
  □□□□□
+    □□□
─────────
  □□□□□
```

```
  □□□□□
+    □□□
─────────
  □□□□□
```

⑲「運動の試験、ずる休み」いつものことです。

⑳

```
  べんきよう
+     すべて
―――――――――
  きゆうだい
```

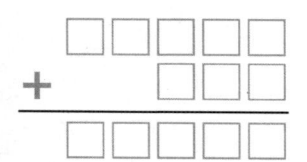

```
  □□□□□
+    □□□
―――――――――
  □□□□□
```

```
  □□□□□
+    □□□
―――――――――
  □□□□□
```

⑳「勉強すべて及第」と、いきたいものですね。

中級 Question

㉑

```
  な つ の ひ の
+       う み べ
─────────────
  ひ か げ な し
```

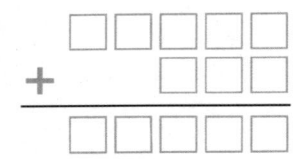

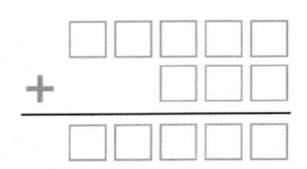

□	□	□	□	□
		□	□	□
□	□	□	□	□

□	□	□	□	□
		□	□	□
□	□	□	□	□

㉑ 根本精司　作
　暑中御見舞いのご挨拶に頂いた作品。夏の日の海辺は本当に暑いですね。

中級 Question

㉒

```
  なつのよの
+     あめは
----------
  ごくらくよ
```

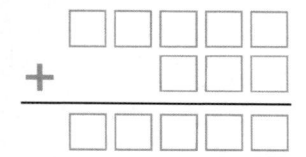

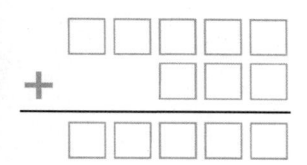

```
  □□□□□
+   □□□
-------
  □□□□□
```

```
  □□□□□
+   □□□
-------
  □□□□□
```

㉒ 根本精司　作
　暑中御見舞いのご挨拶に頂いた作品。夏の夜雨が降ると急に涼しくなり、極楽にいったようですね。

中級 Question

㉓
```
   すいかも
+   ももも
―――――――
   やすいか
```

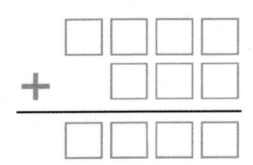

```
  □□□□
+  □□□
―――――
  □□□□
```

```
  □□□□
+  □□□
―――――
  □□□□
```

㉓「スイカも桃も安いか」
　次の問題と組み合わせで、同じ言葉の組み合わせで足し算と引き算がともに、解が一通りです。

中級

㉔

```
  すいかも
－　ももも
―――――――
  やすいか
```

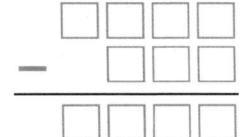

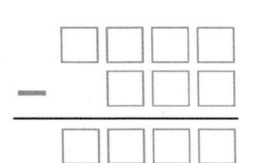

㉔ 前の問題と同じ言葉の組み合わせで、引き算でも解が一通りです。

中級 Question

㉕

```
   けいたいは
 +     だめだ
 ─────────────
   うんてんじ
```

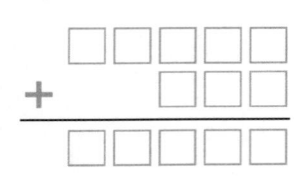

```
  □□□□
+   □□□
 ─────
  □□□□
```

```
  □□□□
+   □□□
 ─────
  □□□□
```

㉕「携帯はだめだ、運転時」
　次の問題と組み合わせで、同じ言葉の組み合わせで足し算と引き算がともに、解が一通りです。しかも、そこに入る数値も同じです。平成16年11月から、運転しているときに携帯電話を掛けると、罰金を取られます。ご注意を。

中級

Question

㉖
```
  けいたいは
ー     だめだ
  うんてんじ
```

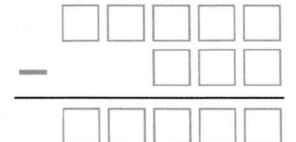

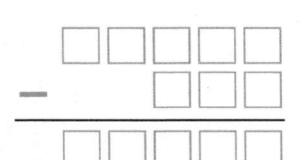

```
  □□□□□
ー   □□□
  □□□□□
```

```
  □□□□□
ー   □□□
  □□□□□
```

㉖ 前の問題と同じ言葉の組み合わせで、引き算でも解が一通りです。

中級 Question

㉗

```
  はやいあさ
+     つらら
―――――――――
  まださむい
```

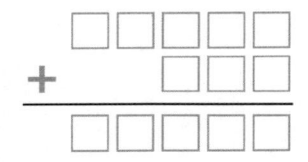

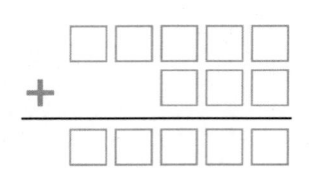

```
  □□□□□
+    □□□
―――――――
  □□□□□
```

```
  □□□□□
+    □□□
―――――――
  □□□□□
```

㉗「早い朝、つらら、まだ寒い」
次の問題と組み合わせで、同じ言葉の組み合わせで足し算と引き算がともに、解が一通りです。しかも、そこに入る数値も同じです。

中級 Question

㉘
```
  はやいあさ
-     つらら
―――――――
  まださむい
```

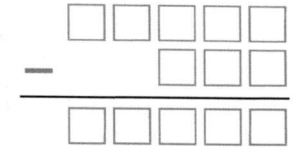

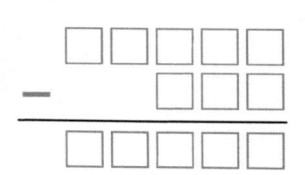

```
  □□□□□
-    □□□
―――――――
  □□□□□
```

```
  □□□□□
-    □□□
―――――――
  □□□□□
```

㉘ 前の問題と同じ言葉の組み合わせで、引き算でも解が一通りです。

中級 Question

㉙
```
  べんきよう
+       します
―――――――――
  きょうから
```

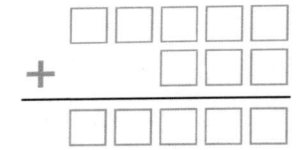

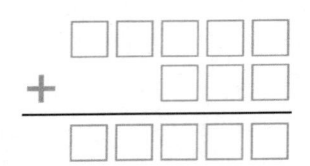

```
  □□□□□
+   □□□
―――――――
  □□□□□
```

```
  □□□□□
+   □□□
―――――――
  □□□□□
```

㉙「さあ、今日から勉強しよう」と、いつも思っているのですがね。

中級

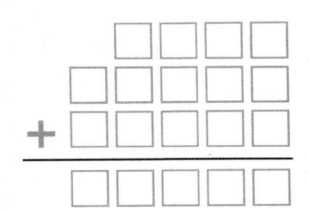

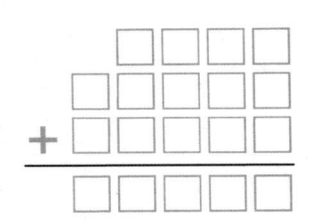

中級 Question

㉚
```
   じ じ ょ う
   さ ん じ ょ う
 ＋ よ ん じ ょ う
 ─────────────
   け い さ ん で
```

	□	□	□	□
	□	□	□	□
＋	□	□	□	□
	□	□	□	□

	□	□	□	□
	□	□	□	□
＋	□	□	□	□
	□	□	□	□

㉚ 二乗、三乗、四乗、何でも計算できますね。

中級 Question

㉛

```
    きゅう
    きゅう
＋にじゅうに
───────
  よんじゅう
```

```
      □□□
      □□□
  ＋□□□□□
  ─────────
    □□□□□
```

```
      □□□
      □□□
  ＋□□□□□
  ─────────
    □□□□□
```

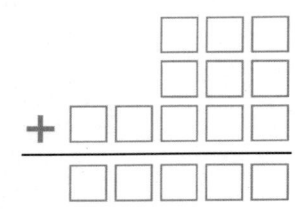

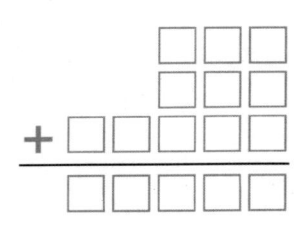

㉛ ひらがなの数詞覆面算です。数式は　9＋9＋22＝40　です。

㉜

```
   じ ゅ う に
   じ ゅ う に
   じ ゅ う に
   じ ゅ う に
+  じ ゅ う に
───────────────
  ろ く じ ゅ う
```

+			

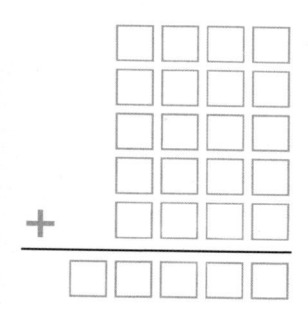

㉜ ひらがなの数詞覆面算です。
　数式は　１２＋１２＋１２＋１２＋１２＝６０　です。

中級 Question

㉝

```
   じゅうさん
    にじゅう
 ＋にじゅうに
 ─────────
    ごじゅうご
```

```
    ☐☐☐☐☐
      ☐☐☐☐
  ＋ ☐☐☐☐☐
  ─────────
    ☐☐☐☐☐
```

```
    ☐☐☐☐☐
      ☐☐☐☐
  ＋ ☐☐☐☐☐
  ─────────
    ☐☐☐☐☐
```

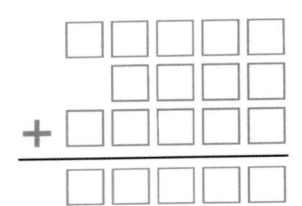

㉝ ひらがなの数詞覆面算です。
　　数式は　13＋20＋22＝55　です。

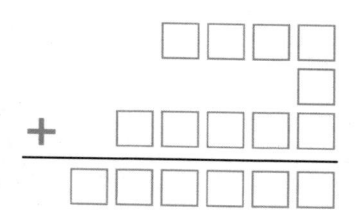

㉞

```
    に ゆ う し
            に
+   と う き ょ う
─────────────
  し ゅ つ ぱ ん よ
```

```
      □ □ □ □
              □
+   □ □ □ □ □
─────────────
    □ □ □ □ □ □
```

```
      □ □ □ □
              □
+   □ □ □ □ □
─────────────
    □ □ □ □ □ □
```

㉞「入試に東京出版よ」受験雑誌が好評です。

中級 Question

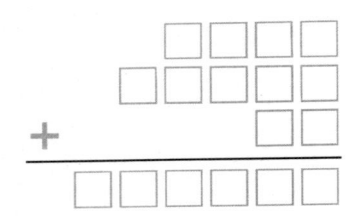

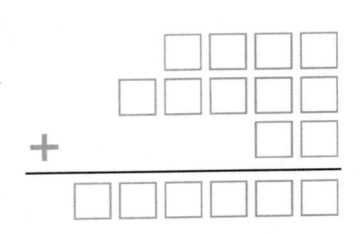

㉟

```
   よ し ゅ う
   ふ く し ゅ う
+        よ い
―――――――――――――
   し ゅ う か ん ね
```

㉟「予習、復習のよい習慣をつけましょう」

㊱

```
      は な み
    き ゃ く は
+ み な き さ く
―――――――――
  さ く ら な み き
```

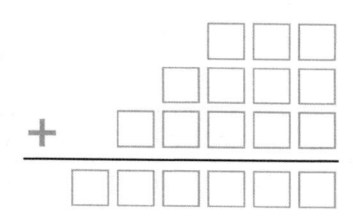

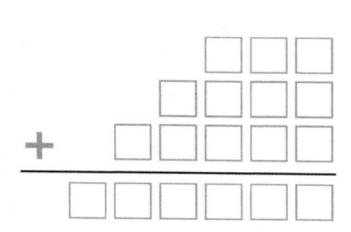

㊱ 中原克芳 作
　春夏秋冬4部作の「春」。桜が咲き、気さくな花見客の賑やかさがみえるようです。

中級 Question

�37

```
    か ざ ぐ る ま
      ま わ る よ
 +      ま わ る
 ─────────────
    ぐ る ぐ る と
```

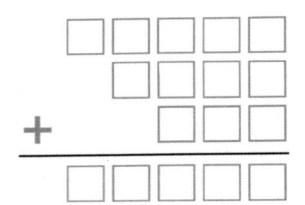

```
  ┌─┬─┬─┬─┬─┐
  │ │ │ │ │ │
  ├─┼─┼─┼─┼─┤
    │ │ │ │ │
    ├─┼─┼─┼─┤
+     │ │ │ │
  ────────────
  ┌─┬─┬─┬─┬─┐
  │ │ │ │ │ │
  └─┴─┴─┴─┴─┘
```

```
  ┌─┬─┬─┬─┬─┐
  │ │ │ │ │ │
  ├─┼─┼─┼─┤
    │ │ │ │
    ├─┼─┼─┤
+     │ │ │
  ────────────
  ┌─┬─┬─┬─┬─┐
  │ │ │ │ │ │
  └─┴─┴─┴─┴─┘
```

�37 中原克芳　作
　春夏秋冬4部作の「夏」。涼しい風が風車を回して心地よい気分にしてくれます。

㊳

```
    とんぼ
  あかとんぼ
+ かくれんぼ
―――――――――
  たんぼのなか
```

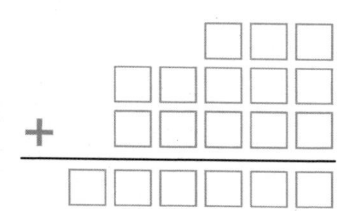

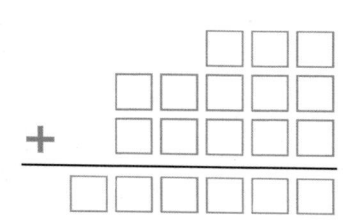

㊳ 中原克芳　作
　春夏秋冬4部作の「秋」。赤トンボが田んぼの上を飛び交い、子供達が稲田の中でかくれんぼをして遊んでいる田園風景。

中級 Question

㊴

```
   ゆきの
    ふる
＋ふゆのよる
 ─────
  よもふける
```

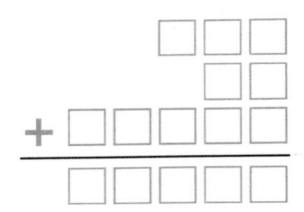

		□	□	□
			□	□
＋	□	□	□	□	□
	□	□	□	□	□

		□	□	□
			□	□
＋	□	□	□	□	□
	□	□	□	□	□

㊴ 中原克芳　作
　春夏秋冬4部作の「冬」。冬の夜、雪が降って静かに夜が更けていきます。

中級 Question

㊵

```
  さ ん せ い と
  は ん た い と
+         は
―――――――――――
  せ い は ん た い
```

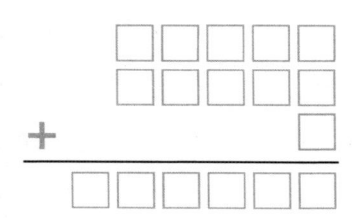

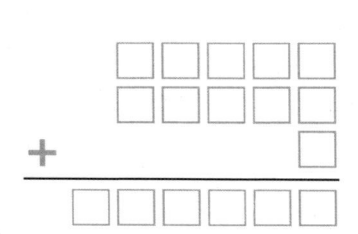

+ □

+ □

㊵ 中原克芳　作
「賛成と反対は正反対」当たり前のようですが、難しい問題を含んでいるようです。

中級 Question

㊶
うけよう×よ＝とうだい

□□□□ × □ ＝ □□□□

□□□□ × □ ＝ □□□□

㊶と㊷は同じ言葉の組み合わせで掛け算と割り算がともに、解が一通りです。

㊷
うけよう ÷ よ ＝ とうだい

□□□□ ÷ □ ＝ □□□□

□□□□ ÷ □ ＝ □□□□

㊷と㊶は同じ言葉の組み合わせで、割り算でも解が一通りです。

中級 Question

㊸
```
        い な
×       さ く
    ─────────
      み の り
    い く か
    ─────────
    い ね か り
```

```
          □ □
    ×     □ □
    ─────────
        □ □ □
      □ □ □
    ─────────
      □ □ □ □
```

㊸「稲作実り、行くか稲刈り」
　掛け算の問題で、演算部（部分積）を含んだ2桁×2桁＝4桁の覆面算です。演算部の言葉も数式があってなければいけません。

㊹

```
    か ん
×   か く
─────────
  す て き
は は は
─────────
は で ず き
```

┌─┬─┐
│ │ │
├─┼─┤
×│ │ │
├─┼─┼─┐
│ │ │ │
├─┼─┼─┤
│ │ │ │
└─┴─┴─┘

㊹「感覚すてき、母は派手好き」
　掛け算の問題で、演算部（部分積）を含んだ2桁×2桁＝4桁の覆面算です。演算部の言葉も数式があってなければいけません。

中級 Question

㊺

```
    わ に
×   が わ
-------
  す き よ
に あ う
-------
わ た し よ
```

```
      □ □
×     □ □
---------
      □ □ □
    □ □ □
---------
    □ □ □ □
```

㊺「鰐皮すきよ、似合う私よ」
　掛け算の問題で、演算部（部分積）を含んだ2桁×2桁＝4桁の覆面算です。演算部の言葉も数式があってなければいけません。

中級

中級 Question

㊻

```
      お お
  ×   き な
  ─────────
    く ま で
  た き び
  ─────────
  お も い で
```

```
        □ □
  ×     □ □
  ─────────
        □ □ □
      □ □ □
  ─────────
      □ □ □ □
```

㊻「大きな熊手、焚き火、思い出」
　掛け算の問題で、演算部（部分積）を含んだ2桁×2桁＝4桁の覆面算です。演算部の言葉も数式があってなければいけません。

中級 Question

㊼

```
      ね ぎ
  ×   ご ま
  ─────────
      の ぎ く
    の び る
  ─────────
    の じ ぎ く
```

```
        □ □
    ×   □ □
   ─────────
        □ □ □
      □ □ □
   ─────────
      □ □ □ □
```

㊼ 植物の名前を読み込んで、2桁×2桁＝4桁の覆面算です。演算部の言葉も数式があってなければいけません。

㊽

```
    な す
 ×  よ し
 ─────────
   ぶ ど う
  き く な
 ─────────
  き き ょ う
```

```
       □ □
   ×   □ □
   ───────
       □ □ □
     □ □ □
   ─────────
     □ □ □ □
```

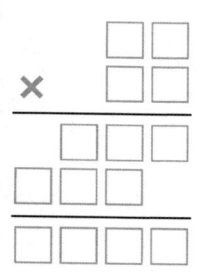

㊽ 植物の名前を読み込んで、2桁×2桁＝4桁の覆面算です。演算部の言葉も数式があってなければいけません。

中級 Question

㊾
```
      く ず
 ×    は す
   ─────────
      さ く ら
   な ず な
   ─────────
   は こ べ ら
```

```
         □ □
  ×      □ □
       ─────────
         □ □ □
      □ □ □
       ─────────
      □ □ □ □
```

㊾ 植物の名前を読み込んで、2桁×2桁＝4桁の覆面算です。演算部の言葉も数式があってなければいけません。

(50)

```
　　きり
×　　こけ
――――――
　つるな
まさき
――――――
こまつな
```

```
　　□□
×　　□□
――――――
　□□□
□□□
――――――
□□□□
```

(50) 植物の名前を読み込んで、２桁×２桁＝４桁の覆面算です。演算部の言葉も数式があってなければいけません。

上級 Question

①
```
  すうがくと
   かがくが
+      特に
―――――――――
 とくいかもく
```

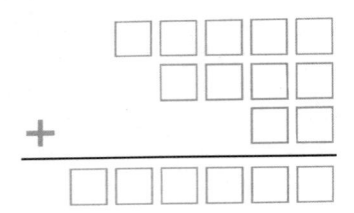

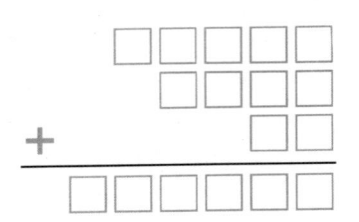

```
  □□□□□
    □□□□
+      □□
―――――――――
  □□□□□
```

```
  □□□□□
    □□□□
+      □□
―――――――――
  □□□□□□
```

①「数学と化学が特に得意科目」理系に進み、ノーベル賞をとるぞ。

上級 Question

②

```
   てつやして
   やつた勉強
 +      やま
 ─────────
   あたりました
```

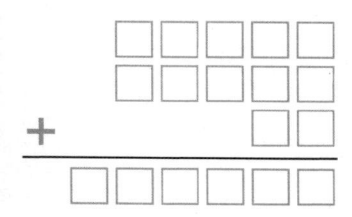

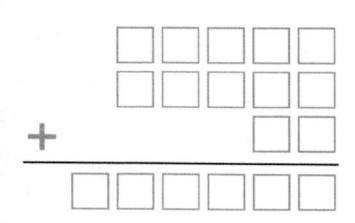

```
  □□□□□
  □□□□□
+    □□
─────────
 □□□□□□
```

```
  □□□□□
  □□□□□
+    □□
─────────
 □□□□□□
```

② 徹夜してやった勉強の甲斐がありました。

上級 Question

③
```
     こうこう
     だいがく
 ＋だいがくいん
 ─────────
    がくひが大変
```

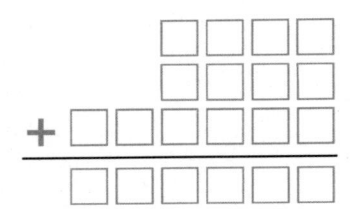

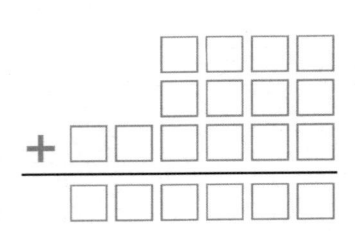

```
       □□□□
       □□□□
 ＋□□□□□
 ─────────
   □□□□□
```

```
       □□□□
       □□□□
 ＋□□□□□
 ─────────
   □□□□□
```

③ 高校・大学・大学院と学費が大変なんですよ。心配かけないでね。

④

```
  だ い が く へ の
+     す う が く が
─────────────────
  な ん だ い だ な
```

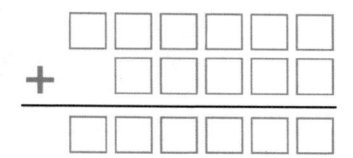

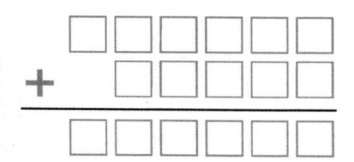

```
┌─┬─┬─┬─┬─┬─┐
│ │ │ │ │ │ │
└─┴─┴─┴─┴─┴─┘
    ┌─┬─┬─┬─┬─┐
  + │ │ │ │ │ │
────└─┴─┴─┴─┴─┘
┌─┬─┬─┬─┬─┬─┐
│ │ │ │ │ │ │
└─┴─┴─┴─┴─┴─┘
```

```
┌─┬─┬─┬─┬─┬─┐
│ │ │ │ │ │ │
└─┴─┴─┴─┴─┴─┘
    ┌─┬─┬─┬─┬─┐
  + │ │ │ │ │ │
────└─┴─┴─┴─┴─┘
┌─┬─┬─┬─┬─┬─┐
│ │ │ │ │ │ │
└─┴─┴─┴─┴─┴─┘
```

④「大学への数学」で出題される問題はむずかしいなあ。

上級 Question

⑤

```
   にゅうしに
+  しつぱいし
―――――――――
   さい出ぱつだ
```

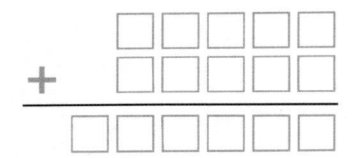

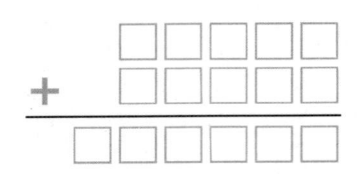

⑤「入試に失敗し、再出発だ。」誰だって失敗することはある。焦るな、焦るな。

⑥

```
  1 がつがむつき
+     しようがつ
―――――――――――
  かるたしようよ
```

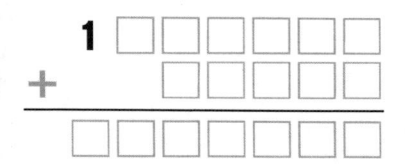

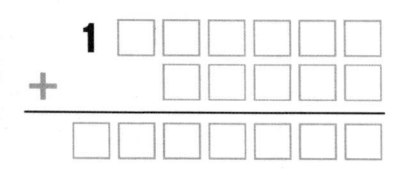

```
  1 □□□□□□
+   □□□□□
―――――――――――
  □□□□□□□
```

```
  1 □□□□□□
+   □□□□□
―――――――――――
  □□□□□□□
```

⑥季節を読み込んだ覆面算。「むつき」は「睦月」と書き、1月の意味です。

上級 Question

⑦

```
   あたたかく
    なつたり
 ＋寒くなつたり
 ─────────
  3 かん 4 おん
```

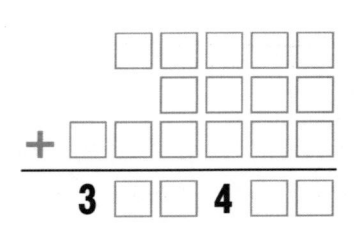

```
   □□□□□
    □□□□
 ＋□□□□□
 ─────────
  3 □□ 4 □□
```

```
   □□□□□
    □□□□
 ＋□□□□□
 ─────────
  3 □□ 4 □□
```

⑦ 寒い日が3日間くらい続くと、その後4日間くらい温かいという気候が交互に繰り返されることを「三寒四温」といいますが、これはもともと中国北部や朝鮮の話。日本では、少しずつ暖かさが増してくるようなときに使っています。

⑧

```
  5 がつさつき
    いいじきね
+ 赤いつつじが
─────────────
  いつぱいさく
```

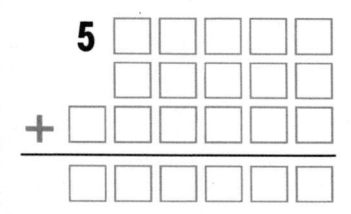

	5					
+						

	5					
+						

⑧「さつき」は「五月(または皐月)」と書き、5月の意味です。

上級 Question

⑨

```
    み な づ き が
        6 が つ
    つ ゆ の き せ つ
+           み な
─────────────────
    ゆ う う つ な の
```

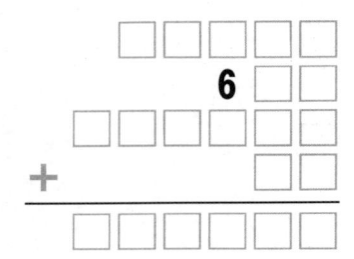

□	□	□	□	□	
			6	□	□
□	□	□	□	□	
+				□	□
□	□	□	□	□	

⑨「みなづき」は「水無月」と書き、6月の意味です。

⑩

```
  9 月 が な が 月
      は や く
    く ら く な り
+       よ る が
―――――――――――――
  な が く な る よ
```

```
  9 □ □ □ □ □ □
        □ □ □
    □ □ □ □ □
+       □ □ □
―――――――――――――
  □ □ □ □ □ □ □
```

⑩「ながつき」は「長月」と書き、9月の意味です。

上級 Question

⑪
```
   １１がつが
    しもつきさ
＋   き温さがり
  ────────
  しもがおりる
```

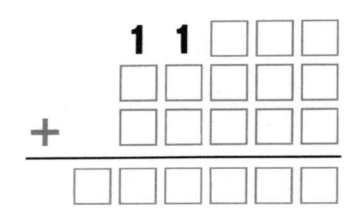

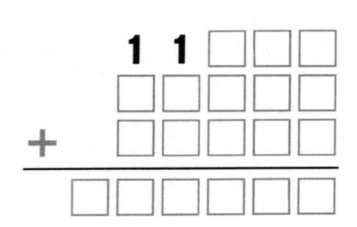

```
    １ １ □ □ □
    □ □ □ □ □
＋   □ □ □ □ □
  ─────────────
  □ □ □ □ □ □
```

```
    １ １ □ □ □
    □ □ □ □ □
＋   □ □ □ □ □
  ─────────────
  □ □ □ □ □ □
```

⑪「しもつき」は「霜月」と書き、１１月の意味です。

上級

⑫

```
  1 2 が つ が
        し わ す
+ 年 ま つ 年 し が
─────────────────
  い そ が し い わ
```

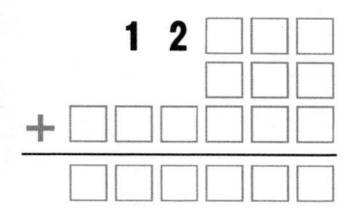

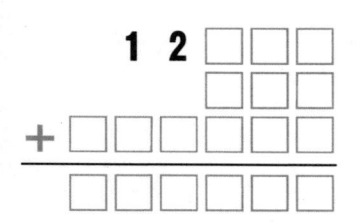

```
  1 2 □ □ □
        □ □ □
+ □ □ □ □ □ □
─────────────
  □ □ □ □ □ □
```

```
  1 2 □ □ □
        □ □ □
+ □ □ □ □ □ □
─────────────
  □ □ □ □ □ □
```

⑫「しわす」は「師走」と書き、12月の意味です。

上級 Question

⑬
```
   年 カ ン サ イ タ
+     2 6 2 ホ ン
─────────────────
   イ チ ロ ー サ ン
```

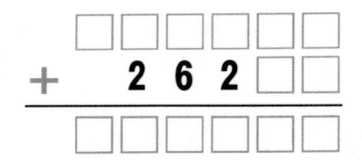

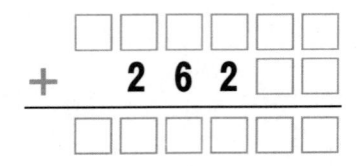

```
  □ □ □ □ □ □
+     2 6 2 □ □
──────────────
  □ □ □ □ □ □
```

```
  □ □ □ □ □ □
+     2 6 2 □ □
──────────────
  □ □ □ □ □ □
```

⑬ 大リーグでうち立てたイチロー選手の金字塔は、見事です。
次の問題と組み合わせで、同じ言葉の組み合わせで足し算と引き算がともに、解が一通りです。しかも、そこに入る数値も同じです。

上級 Question

⑭
```
    年カンサイタ
 －    ２６２ホン
    イチローサン
```

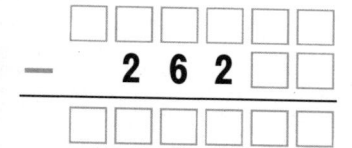

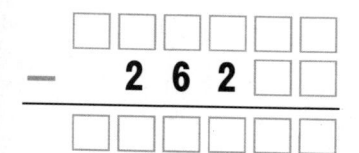

```
      □□□□□□
  －   ２６２□□
      □□□□□□
```

```
      □□□□□□
  －   ２６２□□
      □□□□□□
```

⑭ 前の問題と同じ言葉の組み合わせで、引き算でも解が一通りです。

上級 Question

⑮
```
     とうじょうよ
          ひぐち
  +    いちょうと
  ─────────────
    のぐちひでよ
```

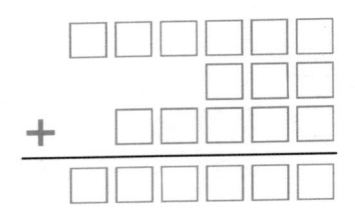

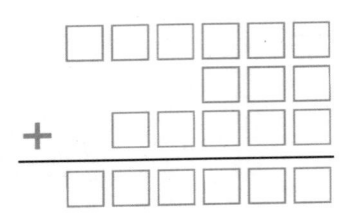

⑮新しいお札が発行され、樋口一葉と野口英世の肖像が新しく登場しました。

⑯

```
    さいせん
         に
+   にせさつが
   はつけんされ
```

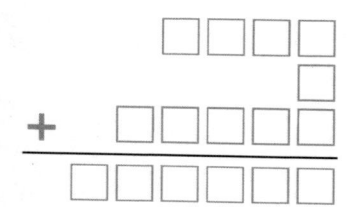

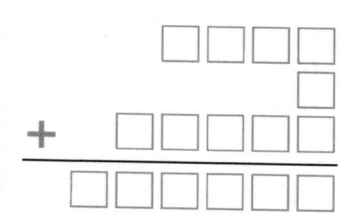

```
      □□□□
         □
+    □□□□□
   □□□□□□
```

```
      □□□□
         □
+    □□□□□
   □□□□□□
```

⑯ 正月の初詣で、偽札が賽銭箱にたくさん投げ込まれて、世間を騒がせました。

上級 Question

⑰
```
          ぼ 校
    せんせいさし
  +   しぼうさせ
  ─────────────
    少年１７さい
```

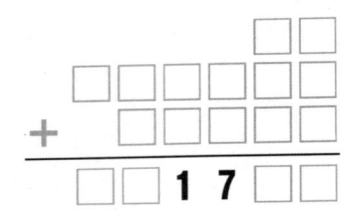

```
              □□
        □□□□□□
     +   □□□□□
        ─────────
        □□１７□□
```

```
              □□
        □□□□□□
     +   □□□□□
        ─────────
        □□１７□□
```

⑰ 社会を騒がせる事件は、何度も起きます。若者だけが悪いのではないのに。

上級

上級 Question

⑱

```
         エイセイ
     分離セイコウ
  +      ウチ上
  ─────────────
     エイチ2エー
```

```
        □□□□
    □□□□□□
  +     □□□
  ─────────
    □□□2□□
```

```
        □□□□
    □□□□□□
  +     □□□
  ─────────
    □□□2□□
```

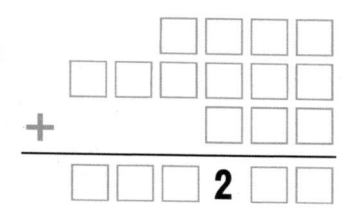

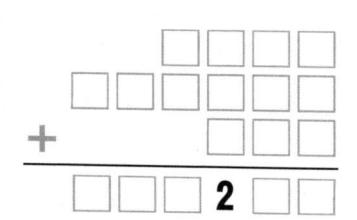

⑱ 日本でもようやく衛星の打ち上げが成功するようになりました。

上級 Question

⑲
```
      じ ゅ う に
      じ ゅ う さ ん
      じ ゅ う さ ん
 ＋  に じ ゅ う さ ん
─────────────────
  ろ く じ ゅ う い ち
```

⑲ やや大型のひらがな数詞覆面算です。
　　数式は　12＋13＋13＋23＝61

⑳

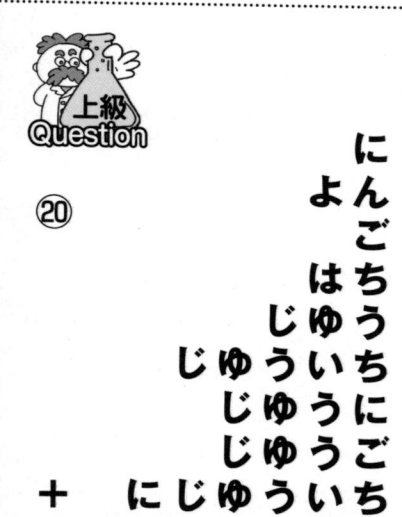

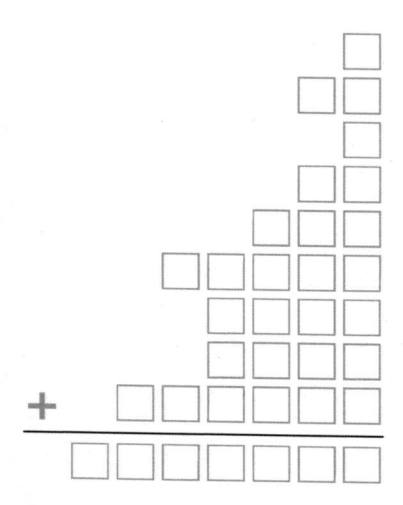

```
        にんごち
      よ ん ご ち う ち
        はちゅうち
      じ ゅ う い ち
    じ ゅ う い ち
      じ ゅ う に
        じ ゅ う ご
+   に じ ゅ う い ち
────────────────────
  は ち じ ゅ う は ち
```

⑳ 大型のひらがな数詞覆面算です。
　数式は　2＋4＋5＋8＋10＋11＋12＋15＋21＝88
　時間はかかりますが、基本通りにやれば解は見つかります。

解答

覆面算 解答編 ― 初級 (全50問)

① 9＋1＝10
② 5＋5＋5＝15
③ 99＋9＝108
④ 99＋2＝101
⑤ 99＋9＋9＝117
⑥ 88＋8＋8＝104
⑦ 8＋5＋88＝101
⑧ 999＋2＝1001
⑨ 191＋11＝202
⑩ 99＋99＝198
⑪ 55＋50＝105
⑫ 99＋19＝118
⑬ 88＋18＝106
⑭ 11＋98＝109
⑮ 88＋12＝100
⑯ 11＋91＝102
⑰ 22×12＝264
⑱ 59＋51＝110
⑲ 19×12＝228
⑳ 89＋19＝108
㉑ 9＋99＋91＝199
㉒ 10＋10＋……＋10＝80
㉓ 898＋9＝907
㉔ 799＋9＝808

㉕ 5＋495＝500

㉖ 898＋8＝906

㉗ 252×2＝504

㉘ 5＋895＝900

㉙ 2×372＝744

㉚ 888＋98＝986

㉛ 55＋555＋65＝675

㉜ 82＋919＝1001

㉝ 17×484＝8228

㉞ 98＋981＝1079

㉟ 29×298＝8642

㊱ 927＋92＝1019

㊲ 248×24＝5952

㊳ 497＋497＝994

㊴ 124＋124＋124＝372

㊵ 103＋103＋……＋103＝721

㊶ 884＋884＝1768

㊷ 868＋868＝1736

㊸ 899＋899＝1798

㊹ 772＋777＝1549

㊺ 662＋886＝1548

㊻ 826＋3826＝4652

㊼ 42×2＝84

㊽ 85×8＝680

㊾ 84×4＝336

㊿ 58×8＝464

覆面算 解答編―中級 (全50問)

① $9696+652=10348$

② $9693+682=10375$

③ $9494+882=10376$

④ $9696+752=10448$

⑤ $9619+765=10384$

⑥ $9553+675=10228$

⑦ $9705+837=10542$

⑧ $9472+873=10345$

⑨ $2613+2613=5226$

⑩ $2448+2448=4896$

⑪ $4673+4673=9346$

⑫ $2406+\cdots+2406=9624$

⑬ $3845+\cdots+3845=15380$

⑭ $69819+632=70451$

⑮ $79714+638=80352$

⑯ $59841+572=60413$

⑰ $19619+837=20456$

⑱ $39596+691=40287$

⑲ $19817+639=20456$

⑳ $79861+274=80135$

㉑ $29636+785=30421$

㉒ $29616+785=30401$

㉓ $1605+555=2160$

㉔ $5307-777=4530$

㉕ 59894+313=60207
㉖ 60207-313=59894
㉗ 49861+277=50138
㉘ 50138-277=49861
㉙ 59604+827=60431
㉚ 7736+20736+30736=59208
㉛ 827+827+39273=40927
㉜ 2857+……+2857=14285
㉝ 48520+1485+14851=64856
㉞ 8071+8+97267=105346
㉟ 6104+98104+65=104273
㊱ 579+4805+97410=102794
㊲ 18256+6359+635=25250
㊳ 708+64708+43508=108924
㊴ 956+74+79684=80714
㊵ 43107+63207+6=106320
㊶ 2432×3=7296
㊷ 8538÷3=2846
㊸ 27×94=2538
㊹ 37×38=1406
㊺ 54×95=5130
㊻ 77×92=7084
㊼ 32×54=1728
㊽ 82×95=7790
㊾ 98×73=7154
㊿ 89×24=2136

覆面算 解答編 — 上級 (全20問)

① 98701+4707+52=103460
② 94309+34257+36=128602
③ 8484+5961+596192=610637
④ 214659+87464=302123
⑤ 87968+62356=150324
⑥ 1656058+93265=1749323
⑦ 73369+1038+291038
　=365445
⑧ 543735+99851+293384
　=936970
⑨ 82709+695+561035+82
　=644521
⑩ 903930+572+28296+143
　=932941
⑪ 11767+10684+85472
　=107923
⑫ 12414+235+691624=704273
⑬ 497650+26217=523867
⑭ 902384−26252=876132
⑮ 619515+204+84516=704235
⑯ 8573+9+97802=106384
⑰ 30+848567+73168=921765
⑱ 7080+698041+152=705273

⑲ 4769+47628+47628+947628
=1047653

⑳ 9+63+7+10+825+82540
+8259+8257+982540
=1082510

【著者紹介】

武　純也（たけじゅんや）

1932年	神奈川県生まれ。
1976年	丸尾學氏担当の虫食算研究室を「詰将棋パラダイス」という雑誌で見つけて、虫食い算の魅力にとりつかれる。
1981年	雑誌「パズル通信ニコリ」でテーマを決めて覆面算作品を募集したのがきっかけで、ワード覆面算を作るようになる。
1985年	虫食算パズル700選（共立出版：共著）を出版。
1988年	続虫食算パズル700選（共立出版：共著）を出版。
2001年	自己作品集覆面算パズルを自家出版。

現在、パズル懇話会所属。

知遊ブックス②
覆面算パズル

平成17年9月1日　第1刷発行

定　価：本体600円+税
著　者：武　純也
発行者：黒木正憲
製版所：レディバード
印刷所：光陽メディア
発行所：東京出版
　　　　〒150-0012　東京都渋谷区広尾3-12-7
　　　　（電話）03-3407-3387
　　　　（振替）00160-7-5286
　　　　http://www.tokyo-s.jp/

ISBN4-88742-110-9　©Junya Take 2005 Printed in Japan
乱丁・落丁本はお取り替えいたします。